Hundeerziehung

verständlich – kompakt

leicht umsetzbar

Impressum:

© Copyright 2009

Mark Scheerbarth

ISBN-13: 9783839105412

ISBN-10: 3839105412

Herstellung und Verlag:

Books on Demand GmbH, Norderstedt

Bibliografische Information der Deutschen Nationalbibliothek:
Die Deutsche Nationalbibliothek verzeichnet diese Publikation in der Deutschen Nationalbibliografie; detaillierte bibliografische Daten sind im Internet über http://dnb.d-nb.de abrufbar.

Für Rasputin, der dem Tod noch einmal von der Schippe gesprungen ist.

Konsequenz

Der Schlüssel zu erfolgreicher

Hundeerziehung

Inhaltsverzeichnis

Alle Kapitel sind noch einmal sinnvoll untergliedert,
sodass größtmögliche Übersichtlichkeit erreicht wird.

Vorwort

Liebe Leserin,
lieber Leser,

eine nahezu unüberschaubare Zahl von Büchern und Zeitschriften versuchen dem Hundebesitzer die Erziehung und Ausbildung von Hunden näher zu bringen.

Mit immer neuen Methoden und Ansätzen versucht man altbekannte Probleme zu korrigieren. Leider sind die entscheidenden und unverzichtbaren Informationen für den Leser vielfach nicht erkennbar, da man sich nicht auf das Wesentliche beschränkt, sondern eine Fülle von Informationen bietet, die letztlich nur verwirren. Das essentiell Wichtige ist nicht mehr von absolut Nebensächlichem zu trennen.

Hundeerziehung basiert auf einem ganz einfachen Prinzip: der Hundesprache und der Interaktion Mensch - Hund.

Einfacher ausgedrückt: Ist der Mensch in der Lage die Sprache des Hundes richtig zu deuten und führt er seinen „Vierbeiner" souverän und ohne Gewalt, hat er die entscheidende Grundlage zur Erziehung schon geschaffen.

Lassen Sie sich nichts einreden: Hundeerziehung ist keine unlösbare Aufgabe und auch nicht kompliziert. Mit diesem Buch erhalten Sie eine in höchstem Maße verständliche Anleitung zur erfolgreichen Erziehung Ihres Hundes, die Ihnen den Blick für das Wesentliche vermittelt.

Ich wünsche Ihnen nun viel Spaß bei dem weiteren Studium dieses Buches und viel Erfolg.

Mark Scheerbarth

I. Hundeerziehung – Probleme und Schwierigkeiten

Wer möchte nicht einen gut erzogenen Hund an seiner Seite wissen, der in jeder Situation zuverlässig hört? Die Realität zeichnet leider ein anderes Bild. Insbesondere das Kommen auf Zuruf unter Ablenkung bereitet den meisten Hundebesitzern große Probleme. Der eigene Hund wird unzählige Male gerufen, ohne davon auch nur ansatzweise Notiz zu nehmen.

Die Erfahrung zeigt, dass gerade die Informationsflut rund um das Thema Hundeerziehung kontraproduktiv ist. So werden in dem obigen Beispiel jegliche Versuche das Kommen auf Zuruf zu trainieren scheitern, wenn man weiterhin auch das fünfte und sechste Mal den Hund ohne Erfolg ruft. An dieser Stelle muss man sich keine Gedanken über Schleppleinen, Spray-Halsbänder, den Gang in eine Hundeschule oder andere Hilfsmittel machen, sondern hier kommt es zunächst entscheidend darauf an, dass man einfach nur damit aufhört seinen Hund vergeblich zu rufen. Das Wesentliche zu erkennen – darin besteht anfangs die Schwierigkeit. Auf überflüssige Informationen wird daher in diesem Buch konsequent verzichtet. Gerade hier ist weniger deutlich mehr, damit

Sie nicht den roten Faden bei diesem Thema verlieren.

Lesen Sie dieses Buch sehr sorgsam. Nahezu jede Information ist wichtig und hilft Ihnen bei der Erziehung Ihres Lieblings.

Bitte beobachten Sie Ihren Hund von nun an in den verschiedensten Situationen ganz genau. Nur so lernen Sie ihn besser einzuschätzen und bekommen ein Gefühl dafür, Aktionen vorherzusehen und Verhalten bereits im Vorfeld zu steuern.

Beispiele: Sträubt sich das Fell bei Ihrem Hund in bestimmten Situationen? Um welche Situationen handelt es sich hierbei ganz genau? An welchen Stellen sträubt sich das Fell? Wo schaut Ihr Hund bei Hundebegegnungen hin? Fixiert er andere Hunde mit seinen Augen? Scharrt Ihr Hund nach dem Kotabsatz? Welche Reaktionen zeigen daraufhin andere Hunde? Wie nähert er sich anderen Hunden – direkt oder bogenförmig? Wie reagiert der andere Hund darauf?

Das sehr nuancierte Verhalten von Hunden entgeht leider fast allen Hundehaltern. Ihnen ab heute nicht mehr –

nehmen Sie sich vor, auch auf Kleinigkeiten zu achten. Machen Sie das Verhaltensstudium von Hunden zu Ihrem Hobby. Es bildet die unverzichtbare Basis, die kommunikativen Fähigkeiten Ihres Hundes zu erkennen, und bei der Erziehung erfolgreich anzuwenden.

Zur Verdeutlichung – darauf müssen sie achten:

Die konkrete Situation (die Umwelt) in der Ihr Hund ein bestimmtes Verhalten zeigt ➡ das Verhalten selbst ➡ die Reaktion der Umwelt auf sein Verhalten.

Bevor wir nun richtig einsteigen, verinnerlichen Sie bitte diese Grundsätze:

Hundeerziehung benötigt:

Zeit   **Geduld**   **Konsequenz**

Nur dann werden Sie in der Lage sein Ihren Hund erfolgreich zu erziehen und einen zuverlässigen Partner an Ihrer Seite haben.

II. Der tägliche Umgang

Das Zusammenleben und die Einhaltung von Regeln im täglichen Umgang miteinander haben direkte Auswirkungen auf das Verhalten Ihres Hundes.

Viele Probleme, die als Symptome zu Tage treten, haben Ihre Wurzel in einem gestörten Verhältnis des Menschen zu seinem Hund.

Demokratie ist in den Augen von Hunden „asozial". Hunde benötigen einen festen Platz in Ihrem menschlichen Rudel um sich geborgen und sicher zu fühlen. Dies ist auch ein Beitrag zu einer artgerechten Erziehung und Hundehaltung. <u>Machen Sie sich eines von Anfang an klar:</u> Hunde sind keine Menschen. Vielfach wird diese doch relativ simple Erkenntnis nicht wahrgenommen oder gänzlich ignoriert. Folglich wird der eigene Hund wie ein Kind behandelt, mit der Konsequenz, dass der Hund den Anspruch des Menschen Entscheidungen zu treffen nicht (... oder nicht mehr) akzeptiert. Aus Sicht des Hundes spielt sich folgendes ab:

„Mein Mensch ist nicht in der Lage klare Entscheidungen zu treffen. Er diskutiert stattdessen immer alles mit mir aus. Eigentlich will ich ja gar nicht, aber ich muss, ob der Unfähigkeit meines Menschen, wohl selbst alle relevanten Entscheidungen treffen."

Dies äußert sich dann unter anderem wie folgt:

- Bei Spaziergängen entfernt sich der Hund sehr weit von seinem Besitzer, guckt kaum wo er sich aufhält, kommt auf Zuruf gar nicht oder erst nach mehrmaligem Rufen, kommt dann auch nicht auf Körperkontakt heran oder trödelt beim Herankommen.

- Der Hund lässt sich schwer zum Spielen animieren und / oder hört nach kurzer Zeit desinteressiert auf.

- Der Hund entzieht sich Schmuseversuchen seitens des Besitzers.

- Der Hund begrüßt den Besitzer nicht freudig morgens nach dem Aufstehen.

- Macht ein fremder Mensch oder Hund dem eigenen Hund ein interessantes Spielangebot, so lässt er seinen Menschen sofort stehen und nimmt nicht einmal zwischenzeitlich Blickkontakt zu seinem Besitzer auf.

- Der Hund entscheidet selbst, welchen anderen Hund er unterordnet und lässt sich aus dieser Situation vom Besitzer nicht abrufen.

- Ständiges Zerren an der Leine.

- Die Besetzung strategisch wichtiger Plätze in der Wohnung, z.B. im Flur, im Bereich einer Treppe, auf der Couch.

- Ihr Hund knurrt leise, wenn Sie seinen Knochen, sein Schweineohr oder andere Leckereien nehmen wollen.

- Das Nichtauslassen von Gegenständen.

- Liegt Ihr Hund auf dem Boden (… und schläft nicht gerade, sondern bekommt alles mit) während Sie über ihn hinweg steigen, steht er auf.

- Bei Rüden: ständiges Markieren.

- Scharren (… hiermit ist nicht das „Buddeln" gemeint) nach dem Markieren oder dem Kotabsatz, gelegentlich untermalt von leichtem Brummen oder Knurren.

- Das nachdrückliche Einfordern von Aufmerksamkeit.

- Ihr Hund springt (fremde) Leute an, die bei Ihnen zu Besuch kommen. Was nach Freude aussieht, bedeutet in Wirklichkeit, dass Ihr Hund sagt: „Super, mein Besuch ist da, den ich durch mein Anspringen erst einmal sanft aber bestimmt kontrolliere".

So beeinflussen Sie die Struktur in Ihrem kleinen Mensch – Hund Rudel:

- Liegt Ihr Hund im Weg, lassen Sie in aufstehen und Ihnen Platz machen.

- Sie ordnen Ihren Hund <u>nie</u> unter wenn er etwas falsch gemacht hat oder sich Ihren Kommandos entzieht, indem Sie ihn auf die Seite werfen oder wütend auf den Rücken drehen. Sie hätten ihn ohnehin nicht unterworfen, denn Unterwerfung bedeutet, dass ihr Hund dieses Verhalten von selbst zeigt.

- Ihr Hund sollte nie freien Zugang zum Futter haben. Hat er keinen Hunger, räumen Sie das Futter sofort wieder weg. Sie teilen ihm das Futter zu … und nur Sie! Ihr Hund muss merken, dass er von Ihnen abhängig ist.

- Bevor er fressen darf, lassen Sie ihn ein Kommando ausführen, z.B. „Platz". Wechseln Sie das Kommando täglich.

- Erst wenn ihr Hund Sie danach anschaut (in die Augen), geben Sie ihm das „o.k." zum Fressen.

- Ihr Hund bekommt nie etwas von Ihrem Frühstück, Mittag- oder Abendessen ab. Sollte Ihr Hund sich bereits daran gewöhnt haben und versucht fortan mit hinreißend, unschuldiger Mine zu betteln, ignorieren Sie ihn bitte ganz konsequent.

- Leckerchen bekommt er nur, wenn er zuvor etwas dafür geleistet hat.

- Sie gehen grundsätzlich, das heißt immer (!), als Erste / Erster durch die Tür und lassen Ihren Hund nicht vor Ihnen hereinstürmen.

- Wenn Sie ihn ableinen, darf er erst „los düsen", wenn Sie ihm das Kommando (z.B. „Lauf") dazu gegeben haben.

- Das Sofa und das Bett sind tabu. Erhöhte Liegeplätze bleiben dem Rudelführer vorbehalten (… und das wollen Sie ja schließlich sein).

- Ignorieren Sie grundsätzlich alle Versuche Ihres Hundes Sie zu einem bestimmten Verhalten zu animieren. <u>Beispiel:</u> Ihr Hund wirft Ihnen den Ball vor die Füße, legt den Kopf auf Ihre Beine um gestreichelt zu werden usw.

- Noch besser: Sämtliches Spielzeug wird weggesperrt. Ihr Hund bekommt es nur, wenn Sie mit ihm spielen. Sie spielen doch mit Ihrem Hund, oder? <u>Gemeinsames Spielen stärkt die Beziehung.</u> Fordern Sie Ihren Hund auch geistig – seien Sie kreativ, Ihr Hund kann mehr erlernen, als Sie denken.

- Interaktionen werden immer von Ihnen gestartet und von Ihnen beendet.

- Kraulen Sie Ihrem Hund nie Brust und Bauch wenn er sitzt, sondern hauptsächlich Nacken, Rücken und Läufe. Sie würden sich andernfalls automatisch in eine untergeordnete Position begeben.

- „Nein" bedeutet immer „Nein". Wiederholen Sie auch alle anderen Kommandos nicht. Setzen Sie das Kommando bei Nichtbefolgen durch. Sollte Ihr

Hund dem Kommando „Platz" beispielsweise nicht sofort nachkommen, korrigieren Sie ihn innerhalb der ersten 3 Sekunden, indem Sie ihn <u>in die Position führen</u>. Das setzt natürlich voraus, dass der Hund das Kommando versteht und gelernt hat, was genau in diesem Beispiel mit „Platz" gemeint ist. <u>Zur Verdeutlichung:</u> In die Position führen, bedeutet nicht, dass Sie Gewalt ausüben sollen! Sobald er „im Platz" ist, loben Sie ihn überschwänglich mit hoher, freudiger Stimme (...z.B. prima, fein, toll, super). Sie müssen lernen sofort gedanklich umzuschalten.

- Schmusen Sie ausgiebig mit Ihrem Hund. Hilfreich ist auch das Kontaktliegen (... Sie legen Sich neben den Hund und streicheln ihn).

- Verhaltensweisen, von denen Sie zurzeit (... es soll ja schließlich kein Dauerzustand sein) wissen, dass Sie bei Ihrem Hund nicht durchzusetzen sind, müssen Sie grundsätzlich ignorieren. Das heißt, wenn Ihr Hund an der Leine „ausrastet", sobald er einen anderen Hund erblickt, reden Sie nicht mit ihm, ziehen Sie nicht an der Leine und vor allem nehmen

Sie ihn nicht kurz! Versuchen Sie zudem unter keinen Umständen Ihren Hund zu beruhigen, dies würde sein Verhalten nur noch verstärken, da sich folgendes bei Ihrem Hund abspielt: „Ich raste aus, Frauchen oder Herrchen müssen damit einverstanden sein, denn Sie sind auf einmal ganz lieb. Beim nächsten Mal reagiere ich noch heftiger, das gefällt den beiden ja offensichtlich". Lenken Sie ihn stattdessen, nachdem er den anderen Hund erblickt hat und bevor er das Problemverhalten zeigt, mit einem Spielzeug freudig und entspannt ab oder bieten Sie ein ganz besonderes Leckerchen an (z.B. ein kleines Stück Fleischwurst). Das Timing ist hier alles entscheidend. Wenn Sie auch nur eine Sekunde zu spät reagieren und Ihr Hund bereits Aggressionsverhalten zeigt, erreichen Sie mitunter das Gegenteil und belohnen ihn für sein Verhalten. Alternativ zur Ignoranz bietet sich das Kommando „Nein" in dieser Situation an. Das setzt allerdings voraus, dass der Hund das Kommando kennt und es auch schon bei anderen Situationen normalerweise zuverlässig befolgt.

- Geben Sie Ihrem Hund beim Spaziergang nicht permanent irgendwelche Kommandos. Noch schlimmer ist allerdings ihn gänzlich zu ignorieren. Spazieren gehen bedeutet, dass Sie <u>mit Ihrem Hund</u> spazieren gehen. Es geht ausschließlich um Ihren Hund und nicht darum, dass Sie nur spazieren gehen um ein „Pläuschchen" mit anderen Hundebesitzern zu halten. Leider ist diese Einstellung viel zu oft zu beobachten. Es spricht selbstverständlich nichts dagegen, sich mit anderen Hundefreunden zu unterhalten. Nur allzu oft gehen viele nur noch „Gassi", weil der Hund ja „muss" und man gleichzeitig andere Hundebesitzer trifft, mit denen man sich ja prima über alles in der Welt unterhalten kann. Der eigene Hund läuft nur noch nebenher und man redet sich ein, er könne ja mit den anderen Hunden spielen. Zeigen Sie Verantwortung und schenken Sie Ihrem Hund Ihre volle Aufmerksamkeit!

- Zieht Ihr Hund an der Leine, bleiben Sie <u>immer</u> sofort stehen. Es geht erst weiter, wenn die Leine wieder locker durch hängt. Führen Sie hin und wieder abrupte Richtungswechsel durch, d.h. gehen

Sie plötzlich in die entgegengesetzte Richtung.

Hängt die Leine beim Gehen einige Sekunden wie gewünscht durch, loben Sie Ihren Hund und belohnen ihn mit einem Leckerchen.

- Unterbinden Sie „Scharren" und übertriebenes Markierverhalten. Scharren ist beispielsweise eine eindeutig rangzeigende Verhaltensweise. Nicht selten geht ein anderer Hund, wenn Ihrer vor seinen Augen scharrt, zum direkten Angriff über.

- Hunde besitzen ein extrem gutes Gehör, schreien Sie Ihren Hund also niemals an (… auch nicht, wenn er sich Ihren Kommandos entziehen sollte). Ein Rudelchef bleibt immer souverän. Sie würden sich demzufolge allenfalls als Choleriker präsentieren, dem aus Hundesicht nicht über den Weg zu trauen ist. <u>Kurzum:</u> Schreien, Brüllen und sonstige Gefühlseskalationen stärken nicht Ihre Position, sondern untergraben sie.

- Seien Sie unter keinen Umständen nachtragend. Hunde besitzen kein schlechtes Gewissen. Was

Sie unter Umständen als schlechtes Gewissen interpretieren, ist lediglich eine erlernte Verhaltensweise auf Ihre Reaktion. Sie sind sauer ... Ihr Hund zeigt ein „schlechtes" Gewissen. Das zeigt er dann allerdings immer wenn Sie sauer sind, auch wenn er zuvor nichts angestellt hat. <u>Das bedeutet insbesondere auch</u>, dass Sie Ihren Hund immer loben, wenn er zu Ihnen kommt – egal was er vorher angestellt hat!

- Alle Familienmitglieder sollten sich an diese Regeln halten. Ihr Hund wird unnötig verunsichert, wenn er z.B. bei „Herrchen" alles darf, „Frauchen" hingegen konsequent bleibt. Bitte erinnern Sie sich noch einmal an die Einleitung zum Thema „Rangordnung": Hunde benötigen, um sich geborgen und sicher zu fühlen, eine intakte Rudelstruktur mit klarer Rollenverteilung. Sie wollen doch einen Hund, der sich geborgen und sicher fühlt, weil er vollstes Vertrauen zu Ihnen und Ihren Entscheidungen hat, oder?

Abschließend eine Bitte, die mir sehr am Herzen liegt: Sorgen Sie für genügend Auslastung (Bewegung) Ihres Hundes und füttern Sie ihn nicht „fett". Durch übermäßiges Futter und permanente Gabe
von Leckerchen wird keine Zuneigung ausgedrückt; im Gegenteil, Sie schaden Ihrem Hund!

Lassen Sie mich zu diesem Thema folgendes anmerken:

Es ist nicht zwingend erforderlich all diese Regeln immer und überall zu beherzigen. Mit zunehmender Zeit wird Ihr Hund seinen Platz im Rudel finden und Sie dürfen ihm dann mehr Freiräume gönnen. Sie werden mit der Zeit ein Gefühl dafür entwickeln und dürfen Ihren Liebling dann auch z.B. überall dort kraulen wo sie mögen, seinen Spielaufforderungen folgen oder ihm einfach „mal so" ein Leckerechen geben. Aber Vorsicht: Beobachten Sie genau, ob es hierdurch zu gravierenden Verhaltensänderungen kommt. Schauen Sie genau hin, ob die Balance gewahrt bleibt und Sie alle relevanten Entscheidungen treffen bzw. Ihr Hund Ihnen das weiterhin zugesteht.

Stehen Sie jedoch am Anfang der Erziehung, sollten Sie

hart zu sich selbst sein und die obigen Regeln konsequent beherzigen. Konsequenz ist das Zauberwort – das schaffen Sie doch, oder?

III. Sitz, Platz und Steh, aber auch Bleib?

Für alle Kommandos gilt: Soll das Hörzeichen mit einem Sichtzeichen (...also Ihrer Hand) verstärkt bzw. zunächst auch eingeführt werden, nennen Sie zuerst das Hörzeichen und direkt danach (...nicht zeitgleich) zeigen Sie Ihrem Hund per Handzeichen ebenfalls welches Kommando er ausführen soll. Beispiel: Sie sagen „Sitz". Wenn das „z" gerade verklungen ist, bewegen Sie Ihre flache Hand nach unten. Aber nun zu den einzelnen Übungen.

Sitz

Zeigen Sie Ihrem Hund eines seiner Lieblings-Leckerchen. Sobald Sie seine Aufmerksamkeit erlangt haben, halten Sie ihm das Leckerchen direkt vor die Nase und gehen Sie langsam damit über seinen Kopf (... nicht zu hoch, sonst besteht die Gefahr, dass er springt!). Sollte er danach schnappen wollen, unterbinden Sie es mit einem entschiedenen „Nein". Wenn Sie die Hand nicht allzu hoch halten, kann er sich zudem nicht bewegen. Die meisten Hunde gehen nun instinktiv in die Erwartungshaltung, in den „Sitz".

Nun sollten Sie Ihren Hund innerhalb von max. 3 Sekunden mit dem gezeigten Leckerchen belohnen und laut und deutlich zeitgleich das Kommando „Sitz" nennen. Diese Verknüpfung müssen Sie herstellen: Seine Bewegung in den Sitz und das Hörzeichen. Sitzt er nun weiterhin, dann geben Sie ihm mehrere Male (~ 30 - 40x) hintereinander im Abstand von 5 Sekunden ein Leckerchen und nennen hierbei das Kommando „Sitz". Dann animieren Sie Ihren Hund die Sitz-Position zu verlassen (… rennen Sie plötzlich 1 – 2 Meter weg). Er wird in aller Regel nun instinktiv aufstehen. Sobald er steht, geben Sie ihm das Kommando erneut und warten Sie ab. Wenn er sich daraufhin setzt, belohnen Sie ihn, falls nicht, wiederholen Sie einfach den ersten Schritt. Das selbständige Überlegen festigt das einzuübende Kommando und ist entscheidend für das Verstehen. Üben Sie täglich und an verschiedenen Orten. Es versteht sich von selbst, dass die Leckerchen nicht zu groß sein sollten, wenn Sie wie beschrieben vorgehen.

Platz

Warten Sie bis Ihr Hund irgendwann einmal auf dem Boden liegt (... nicht schlafend auf der Seite, sondern mit allen Pfoten und Läufen den Boden berührend – sich also gleichsam im „Platz" befindet). Bieten Sie ihm nun ein „Leckerchen" an und nennen Sie zeitgleich das Kommando „Platz". Wiederholen Sie dies einfach 30 - 40 Mal. Dann animieren Sie wie zuvor Ihren Hund aufzustehen. Wenn er nun steht, geben Sie ihm auch hier das Kommando erneut und warten Sie ab. Legt er sich hin – prima, falls nicht, wiederholen Sie einfach den ersten Schritt. Nach ein paar Tagen beherrscht er das Kommando perfekt. In vielen Hundebüchern ist die Einführung des Kommandos aus meiner Sicht viel zu kompliziert beschrieben (... z.B. auf den Boden setzen und ihn mit einem Leckerchen vor der Nase unter Ihr Bein zwängen). Auch hier gilt: Das Kommando immer an verschiedenen Orten einstudieren.

Steh

Steht ihr Hund bereits, beschreiten Sie denselben Weg wie bei der Einübung des Kommandos „Platz" beschrieben. Also ein „Leckerchen" anbieten und gleichzeitig das Kommando „Steh" bringen. Sollte sich Ihr Hund irgendwann hinsetzen, greifen Sie mit der rechten Hand von vorn zwischen seine Vorderläufe und berühren Sie dabei seinen Bauch. Er wird sich automatisch hinstellen. Gleichzeitig geben Sie das Kommando „Steh" und belohnen ihn direkt (…mit einem Leckerchen natürlich).

Wichtiger Hinweis:

Üben Sie alle drei Kommandos mindestens 4 Wochen jeden Tag. Zu diesem Zeitpunkt allerdings noch nicht durcheinander, d.h. nach dem Üben von „Sitz" ist danach erst einmal für mindestens 1 Stunde Schluss mit weiteren Übungen. Im Übrigen sollten Sie in dieser Phase in einer sehr reizarmen Umgebung (z.B. zu Hause) üben.

Nach diesen 4 Wochen beginnen Sie die Kommandos in unterschiedlicher Reichenfolge zu üben. Sie werden feststellen, dass Ihr Hund trotz allem so seine Probleme damit haben wird. Insbesondere von „Sitz" zu „Steh" zu wechseln. Geben Sie sich wieder 2 Wochen für das „Kombinations-Üben". Auch hier gilt wie immer: Das Üben an verschiedenen (immer noch reizarmen) Örtlichkeiten durchzuführen.

Erst wenn Ihr Hund die Kommandos gut und sicher beherrscht, dürfen Sie auch an Orten üben, die für den Hund gewisse Reize bieten, wo die Gefahr der Ablenkung also steigt.

Bleib

Das Kommando „Bleib" gesondert zu trainieren ist überflüssig. Erteilen Sie Ihrem Hund eines der oben genannten Kommandos, setzt dies ohnehin voraus, dass er das Kommando nicht selbständig auflöst. Das bedeutet, wenn ihr Hund „Platz" machen soll, dann gilt diese Aufforderung solange bis Sie das Kommando freigeben. Hierfür bietet sich das Kommando „Lauf" an.

Nun weiß ein Hund selbstverständlich nicht, dass „Sitz, Platz und Steh" so auszulegen sind. Dies gilt es ihm beizubringen, nachdem er die Kommandos an sich beherrscht.

Nun zum praktischen Teil:

Vorbereitende Übung: Lassen Sie Ihren Hund längere Zeit, also ein paar Sekunden bis hin zu etwa einer Minute,

„Sitz" oder „Platz" nehmen. So kann er sich an die Verweildauer gewöhnen.

Der Hund sitzt zu Ihrer linken Seite. Sie wenden sich ihm zu, treten kurz vor ihn, sprechen ein gelassenes „Sitz oder Platz" und nehmen dazu ihr Sichtzeichen zur Hilfe: Ihre Hand. Die Handfläche weist den Hund förmlich ab und schiebt sich ihm ein wenig wie eine Bremse zu. Bleibt er sitzen, gehen Sie rückwärts, um ihm bei einem etwaigen Aufstehen sofort mit einem „Nein" begegnen zu können.

Entfernen Sie sich weiter; wenn der Hund sitzen bleibt, drehen sie sich schon mal um 180 Grad (...der Hund sieht nun Ihren Hinterkopf), behalten aber rücklings den Hund im Auge, um ihn sofort beim Aufstehen per Verbotshörzeichen daran zu hindern.

Anfangs nur ein paar Meter. Sie drehen sich um und wenden sich ihm wieder mit Ihrem Gesicht zu und erheben nochmals zur Bestätigung die Handfläche (ihm zugewiesen). Bleiben Sie nur wenige Sekunden in dieser Haltung, dann gehen Sie zu ihm (ohne zu sprechen), weiter um ihn links oder rechts herum. Er muss immer noch sitzen bleiben. Sie nehmen die Leine auf und warten einige Sekunden. Tun Sie dies nicht, wird er ihr vorschnelles Lob als

Aufforderung zum frühzeitigen Aufstehen missverstehen. Warten Sie also einige Sekunden zur Bestätigung und Speicherung. Dann erst loben Sie ihn kurz. Bei Erfolg können Sie die Entfernung und den Zeitabstand mit viel Geduld erweitern. Steht Ihr Hund vorzeitig auf und läuft Ihnen nach? Korrigieren Sie ihn mit dem Kommando „Nein" und gehen Sie ruhig und ohne Ärger auf ihn zu, nehmen die Leine und führen ihn wieder an seinen Ausgangspunkt zurück. Dann wiederholen Sie die Übung und beginnen einfach erneut. Üben Sie hier nicht zu häufig, sonst erlischt die Konzentration.

IV. Fuß laufen

Leider verwirrt die Rechtschreibreform viele Menschen, die fortan in dem irrigen Glauben sind, das lang gezogene „ß" bei Fuß würde nunmehr durch ein scharfes „ss" ersetzt werden. Lassen Sie sich nicht verwirren; Fuß wird weiterhin mit „ß" geschrieben und dasselbige Hörzeichen immer noch sanft und lang ausgesprochen. Dies hilft Ihrem Hund eine eindeutige Unterscheidung zu anderen Kommandos vorzunehmen.

Auch bei der Umsetzung und dem Erlernen dieses Kommandos gehen wir wieder den einfachsten Weg. Nehmen Sie sich eine gute Stunde Zeit. Spielen Sie ca. drei viertel dieser Zeit ganz ausgiebig mit Ihrem Hund, lassen Sie ihn toben ... kurzum: sorgen Sie dafür, dass er körperlich ermüdet. Nehmen Sie ihren Kleinen nun an die Leine und gehen ein paar Schritte mit ihm. Führen Sie Ihren Hund auf der linken Seite und achten Sie darauf, dass Sie ihr linkes Bein betont weit nach oben ziehen. So begrenzen Sie die Bewegungsmöglichkeit Ihres Hundes optimal im Sinne des zu erlernenden Kommandos. Läuft Ihr Hund korrekt, das heißt nahezu parallel zu Ihnen, wenn auch nur für ein paar Sekunden, dann nennen Sie laut und deutlich das Hörzeichen „Fuß" und belohnen Ihn sofort mit einem Leckerchen. Ich brauche sicherlich nicht zu erwähnen, dass das Timing wie immer alles entscheidend ist. Gehen Sie weiter und bei korrekter Ausführung geben Sie immer wieder das Kommando „Fuß" und bestätigen es sogleich. Bei einer veranschlagten Zeit von 15 Minuten zum eigentlichen Üben, sollten Sie ca. 60 Mal das Kommando mit einem Leckerchen bestätigen.

Üben Sie in den ersten 4 Wochen ausschließlich bei einem Minimum an Umweltreizen, um das Kommando zu festigen. Mit zunehmender Zeit dürfen Sie dann auch unter Ablenkung üben, d.h. wenn andere Menschen, Kinder oder Hunde anwesend sind. Auch ist es unerlässlich, das Fuß laufen an den verschiedensten Orten zu üben.

V. Ausmachen

Der einfachste Weg:

Bevor Sie mit der Übung beginnen, sollte die letzte Mahlzeit Ihres Hundes mindestens 5 Stunden zurück liegen. Nehmen Sie nun eine Beißwurst oder ein Tau und zergeln mit Ihrem Vierbeiner. Lassen Sie das Spielzeug nach kurzem Zergelspiel los. Ihr Hund wird es dann noch in der Schnauze behalten. Holen Sie ein Leckerchen / Futter hervor und halten Sie es ihm direkt unter die Nase. In dem Moment wenn er das Tau fallen lässt um die Belohnung zu kassieren, geben Sie das Kommando „Aus". Auch hier gilt wie immer: Das Timing ist (alles) entscheidend. Ein Hund kann nur maximal innerhalb der ersten 3 Sekunden erkennen was hier mit „Aus" gemeint war, also das Kommando mit dem Fallenlassen des Taus verknüpfen. Üben Sie mit zunehmender Zeit auch mit verschiedenen anderen Dingen, wie Bällen, Stöckchen und sonstigem Spielzeug. Sollte das Futter nicht den gewünschten Reflex erzeugen, nehmen Sie kleine Käse- oder Fleischwurststück-chen.

VI. Kommen auf Zuruf und unter Ablenkung

Dies ist mit Abstand das wichtigste Kommando, das Ihr Hund beherrschen sollte … leider wie beim täglichen Spaziergang gut zu beobachten, auch das **schwierigste** Kommando. Mal Hand aufs Herz: Welcher Hundebesitzer ruft einmal (!) und sein Hund ist sofort bei ihm, auch wenn er mitten im Spiel mit Artgenossen ist?

Ihr Hund wird nur dann zuverlässig kommen, wenn

1. die Rangordnung stimmt **und**

2. die Motivation / der Anreiz für den Hund zu kommen so hoch ist, dass er alles Andere übersteigt (… was allerdings nicht bedeutet, dass der Anreiz permanent verfügbar sein muss).

Wie lässt sich dieses Ziel erreichen?

Beherzigen Sie zunächst alle Tipps, die unter dem Punkt **"So beeinflussen Sie die Struktur in Ihrem kleinen Mensch – Hund Rudel"** aufgeführt sind.

Suchen Sie das Lieblingsspielzeug Ihres Hundes und nehmen Sie es fortan überall hin mit. Falls er kein Lieblingsspielzeug besitzt, machen Sie etwas zu seinem Favoriten. Es bietet sich hier meist ein Ball an. Sagen Sie nun nicht, dass ihn Bälle nicht interessieren und er sich nicht dafür begeistern lässt. Jeder Hund lässt sich dafür begeistern. Sie müssen ihm den Ball nur schmackhaft machen und nicht sofort wieder aufgeben. <u>Einfach und relativ platt ausgedrückt</u>: Machen Sie sich zum „Affen" mit dem Ball und Ihr Hund wird Interesse zeigen.

Ihr Hund bekommt fortan <u>kein</u> Futter mehr zu Hause. Kalkulieren Sie die Futtermenge und teilen Sie die errechnete Menge auf die Spaziergänge auf. <u>Kurzum:</u> Nehmen Sie das Futter mit. Ihr Hund bekommt nunmehr nur noch Futter, wenn er „kommt" und zwar auf Zuruf.

<u>Jedes Mal (!)</u> wenn Sie Ihren Hund nun rufen und er auch tatsächlich kommt, erhält er entweder ein Leckerchen / Futter oder Sie spielen mit ihm, indem Sie sein Lieblings-

spielzeug herausholen und damit „zergeln" oder es werfen.

Das Spielzeug sollte zu den Leckerchen / Futter im Verhältnis 30 zu 70 stehen. Rufen Sie ihn anfangs vorzugsweise immer dann, wenn er sowieso zu ihnen blickt und keine Ablenkung in Sicht ist. Üben Sie mindestens 8 Wochen.

Nun gehen Sie einen Schritt weiter. Ihr Hund bekommt nun bei jedem vierten Rufen keine Leckerchen und kein Spielzeug mehr, sondern nur noch ein dickes Lob. Loben Sie ihn mit ganz <u>hoher Stimme und überschwänglich</u>.

Nach weiteren 4 Wochen bekommt er nur noch bei jedem zweiten Herankommen ein Leckerchen oder sein Spielzeug.

Das Hören wird so zur Gewohnheit und die Belohnung nach dem Lottoprinzip, lässt Ihren Hund immer zuverlässiger kommen … er weiß ja nie, ob er wirklich etwas bekommt. Das Hören unter Ablenkung muss nicht gesondert geübt werden. Das Kommen auf Zuruf ist im Idealfall quasi zum Reflex geworden. Hören wird zur Gewohnheit.

Achtung

Fehlerquelle Nr. 1

Begehen Sie nicht den Fehler Ihren Hund quasi unentwegt zu rufen, wenn er nicht kommt. Er würde sonst nur das „Nicht-Kommen" zuverlässig lernen. Insbesondere das Kommen auf Zuruf unter Ablenkung benötigt Zeit. Üben Sie also zunächst für mehrere Wochen ohne jegliche Ablenkung, sodass keine Fehlverknüpfungen für den Hund entstehen. Hören muss zur Gewohnheit werden, ohne dass Ihr Hund erst darüber nachdenkt, ob er dem Befehl Folge leistet. <u>Hierzu sind mindestens 2.000 erfolgreiche Wiederholungen notwendig.</u> Kommt ihr Hund nicht auf den ersten Zuruf, entfernen Sie sich rasch von ihm in eine andere Richtung (… Sie sollten wegrennen). Läuft Ihr Hund dann hinter Ihnen her, drehen Sie sich blitzschnell um und rufen ihn freudig und mit ganzer hoher Stimmlage mit dem Kommando „Komm". Ist er bei Ihnen, belohnen Sie ihn schnell (…erinnern Sie sich? – das Timing ist entscheidend).

Fehlerquelle Nr. 2

Leider begehen viele Hundebesitzer tagtäglich denselben Fehler, indem Sie nur den Namen Ihres Hundes rufen, aber möchten, dass er kommt. Wie soll ein Hund nur wissen, was sein Name bedeutet, wenn er in unzähligen verschiedenen Zusammenhängen genannt wird?

Manchmal bedeutet sein Name „Komm", dann wieder „lass es sein" (... das kennen Sie bestimmt, das lange und gequälte Rufen des Namens, z.B. „Saaaaammm") oder auch einfach nur „Hallo" ... die Beispiele ließen sich beliebig fortsetzen.

Der Name wird von Ihrem Hund mit so vielen Dingen in Verbindung gebracht, dass es selbstredend unmöglich für ihn ist zu wissen, dass er nun auf einmal kommen soll, wenn sein Name gerufen wird.

So machen Sie es richtig:

Sie nennen seinen Namen und direkt im Anschluss das Kommando „Komm". Der Name sollte für Ihren Hund die Bedeutung von „Achtung es passiert gleich irgendetwas haben".

VII. Hundekontakte

Ermöglichen Sie Ihrem Hund den Kontakt zu Artgenossen, um ihm die Chance zu geben seine Kommunikation und sein Verhalten zu trainieren. Viele Hundebesitzer sind hier viel zu ängstlich und greifen bei jeder kleinen Auseinandersetzung sofort ein. So wird Ihr Hund niemals lernen, wie er auch aggressives Verhalten seiner Artgenossen interpretieren muss und wie er angemessen (… und nicht übertrieben) reagiert. Zudem sprechen einige Hunde eine andere „Sprache" oder einen anderen „Dialekt". Es ist zwingend notwendig für eine gute Sozialisierung, dass Ihr Hund auch hier die Chance erhält, kommunikative Erfahrungen zu sammeln und seine diesbezüglichen Fähigkeiten zu optimieren. Üben Sie jedoch Rücksicht, d.h. wenn Sie erkennen, dass ein anderer Hund angeleint ist, lassen Sie Ihren Hund nicht einfach dort hin laufen. Fragen Sie ggf. nach und verständigen sich über einen Hundekontakt.

Die Verständigung unter Hunden wird zudem durch folgende Faktoren negativ beeinflusst:

- Das Kupieren der Rute.

- Das Kupieren der Ohren.

- Schlappohren.

- Extrem langes Fell. Noch problembehafteter, wenn das Fell die Augen verdeckt, wie z.B. beim Bobtail und u.U. beim Bouvier.

- Ein in Falten gelegtes Gesicht, z.B. beim Shar Pei. Eine Kommunikation über den Gesichtsausdruck ist hier fast gänzlich ausgeschlossen.

- Ein doggenartiges Äußeres (z.B. bei Boxern, Doggen, Mastiffs, Bordeauxdoggen). Diese Hunde sind kaum noch in der Lage über den Nasenrücken und die Lefzen zu kommunizieren.

- Genetisch fixierte Rutenstellungen, die von der Gemütslage des Hundes nicht beeinflusst werden können (z.B. bei einigen Windhundarten das „Herabhängen" des Schwanzes bzw. als Gegenbeispiel bei einigen nordischen Rassen die dauerhafte „Hochstellung" der Rute). So wird anderen Hunden dauerhafte Unterwürfigkeit oder im Gegenbeispiel permanentes Drohen / Imponieren signalisiert, was mitunter zu schwierigen Missverständnissen bei der Verständigung der Hunde untereinander führen kann.

Missverständnisse können aber auch außerhalb des äußeren Erscheinungsbildes auftreten.

Ein Beispiel:

Der Gang von deutschen Schäferhunden kann als trabend mit dem charakteristisch fließend, nach vorne drängenden Gang umschrieben werden. Doch gerade diese Gangart ist für viele Nicht-Schäferhunde sehr gewöhnungsbedürftig.

Er kann auch auf den 50. Blick bei ängstlicheren Gemütern immer wieder Panik und Flucht auslösen. Bei selbstbewussteren Artgenossen aber auch dazu führen, dass der Schäferhund attackiert und dominiert wird.

Ein Dobermann lässt sich hiervon beispielsweise in der Regel nicht einschüchtern, sondern kann auch schon mal zum „Angriff" übergehen.

Seien Sie im Übrigen mit der Beurteilung einer Situation nicht zu vorschnell. Stürzt sich beispielsweise ein Hund aggressiv auf Ihren, obwohl Ihr Hund in Ihren Augen doch gar nichts gemacht hat und immer so lieb ist, so ist es leider häufig gerade Ihr Hund der Streit angefangen hat, indem er einfach nur den anderen Hund „angestarrt" hat. Ja, Sie haben richtig gelesen. Übersetzt in die Sprache von Hunden bedeutet das: „Komm doch, ich zeigs dir schon".

Der bloße Blick reicht aus. Der andere Hund hat aus Hundesicht angemessen reagiert.

Sollte die Luft wirklich einmal brennen und Ihr Hund ist in eine Rauferei verwickelt, gilt folgendes:

- Eingreifen erhöht immer das Stressniveau für alle beteiligten Hunde.

- Eingreifen durch lautes Schreien, Schlagen, Reißen am Halsband, auf den Hund werfen und andere aversive Methoden erhöhen den Stresslevel <u>erheblich</u> und steigern die Verletzungsgefahr.

- Auch eher neutrale Maßnahmen wie ein Regenschirm, gefüllte Dosen oder eine Wasserpistole sind letztlich gegenteilige Maßnahmen, mit der Konsequenz, dass der Stresslevel ebenfalls deutlich erhöht wird.

- Bestrafungen sind in solchen Situationen und kurz danach vollkommen fehl am Platz, da dies mitunter zu schlimmen Fehlverknüpfungen führen kann, d.h. der Hund bezieht die Bestrafung nicht auf sein Verhalten, sondern auf sein Gegenüber oder auch auf den Besitzer.

- Abbruchkommandos wie „Nein", „Aus", „Pfui", etc. wirken frustrierend und erzeugen in der Konsequenz wiederum Stress. Sie sollten nur im absoluten Ausnahmefall zur Anwendung kommen, wenn vorab mehrere tausend Wiederholungen antrainiert wurden und der Hund die Kommandos absolut sicher beherrscht.

- Wird einem Hund bei Hundebegegnungen wiederholt Stress oder Schmerz zugefügt, kann es dazu führen, dass er Hundebegegnungen grundsätzlich negativ erlebt und immer früher und immer heftiger aus Abwehr auf andere Hunde reagiert. Ein Eingreifen verhindert auch, dass Hunde einen Konflikt tatsächlich beenden. Er kann bei jeder Hundebegegnung wieder ausbrechen und es können sich schnell regelrechte „Feindschaften" entwickeln.

Tipp:

Mit etwas Erfahrung, wenn Sie das Verhalten anderer Hunde durch Beobachtung studiert haben, erkennen Sie bereits im Vorfeld, ob Ärger droht. Lassen Sie es dann erst gar nicht zu einer Rauferei kommen – gehen Sie z.B. einen alternativen Weg, verständigen Sie sich mit dem anderen Hundehalter oder weisen Sie den anderen Hund selbstbewusst und bestimmt an, sich nicht weiter zu nähern (Ihre Körpersprache ist hier entscheidend). Das stärkt im Übrigen auch Ihre Position dem eigenen Hund gegenüber. Ihr Hund lernt Ihnen zu vertrauen.

Was aber inmitten einer Rauferei unternehmen?

- Bitten Sie den anderen Besitzer sich schnell zu entfernen, während Sie selbst in die entgegengesetzte Richtung laufen ohne Ihren Hund anzuschauen oder ihn anzusprechen.

- Die Rauferei wird in der Regel innerhalb von Sekunden beendet sein.

Die Situation eskaliert schneller, wenn beide Besitzer stehen bleiben und wie Schaulustige bei einem Unfall die Situation verfolgen. Bleiben Sie also ruhig und gehen Sie zügig weiter.

Beachten Sie:
Richtig schlimme Beißunfälle sind die absolute Ausnahme. Vielfach werden Sie hören, „dieser oder jener Hund

hat meinen aber schon gebissen" … zu 90% ist dies völliger Unsinn und abgestuftes Aggressionsverhalten wird mit Beißen gleichgestellt. Ein schlimmer Fehler. Sollte ein Eingreifen im absoluten Ausnahmefall wirklich notwendig sein, dann müssen beide Besitzer Ihre Hunde gleichzeitig an den Hinterläufen von einander wegziehen (… und zwar kommentarlos!) Hier lautet die Devise: Nicht reden (… oder noch schlimmer schreien), sondern handeln!

Nachfolgend eine Übersicht um die Körpersprache des Hundes besser einzuordnen:

Rute:

Wedeln ⇨ erregt

Eingeklemmt zwischen Hinterläufen ⇨ ängstlich, unterwürfig

Steif hoch getragen ⇨ imponierend

Lefzen, Gebiss und Nasenrücken:

Geschlossen

Offen, Zunge sichtbar   ⇨ gelassen

Vorne hochgezogen, vorderer

Teil der Zähne sichtbar   ⇨ defensiv
                                        drohend

Komplett hochgezogen,

Ganzes Gebiss sichtbar   ⇨ offensiv
                                        drohend

Nasenrücken gerunzelt   ⇨ drohend

Körperhaltung und Verhalten:

Scharren   ⇨ imponierend,
                                        herausfordernd

Pföteln   ⇨ aktive Spiel-
                                        aufforderung

Meidet Blickkontakt

Schaut weg   ⇨ vorsorglich

                                            unterwürfig

Gedrückt, macht sich klein   ⇨ unsicher,

                                            ängstlich,

                                            unterwürfig

Legt sich auf die Seite   ⇨ aktiv

                                            unterwürfig

gegenüber anderen Hunden:

Weg verstellen

Anstarren – Blick fixieren

Bewegungskontrolle

Runterdrücken

In die Ecke drängen   ⇨ dominierend

Zwicken

Verdrängen

Seitliches Aufreiten

Über die Schnauze beißen

Ohren anlegen	⇨ passiv
	unterwürfig
Anales Beschnuppern	⇨ Geschlechts-
	feststellung
Vorderkörper-Tiefstellung	
(Hinterteil ist dabei oben)	⇨ aktive
	Spielaufforderung

Nackenhaare:

Vorne gesträubt	⇨ imponierend
Vorne und hinten gesträubt	⇨ imponierend,
	drohend
Von vorne bis hinten gesträubt	⇨ drohend,
	angriffsbereit

Beobachten Sie Ihren Hund in den verschiedensten Situationen. Sie werden schnell ein Gefühl für die Körpersprache, nicht nur Ihres eigenen Hundes, entwickeln. Diese Arbeit kann Ihnen niemand abnehmen –

diesbezügliche Erfahrungen müssen Sie selbst machen. Da Hunde jedoch die verschiedensten Felllängen, Ohren, Ruten, Schnauzen usw. besitzen, kann die Übersicht lediglich eine Hilfe zur Beurteilung darstellen. Zur Verdeutlichung zwei Beispiele (siehe auch einige Seiten zuvor): Boxer können den Nasenrücken kaum runzeln. Bouviers sind zwar in der Lage ihr Fell aufzustellen, was aufgrund der Länge des Fells jedoch selbst für genaue Beobachter kaum zu erkennen ist.

Die tabellarische Übersicht verdeutlicht, wie schwierig es für Hunde mit überlangem Fell, einem in Falten gelegten Gesicht, hängenden Lefzen, genetisch bedingten Rutenstellungen und **vor allem kupierten Schwanz** ist, Kommunikation mit anderen Hunden zu betreiben. Missverständnisse sind die logische Folge.

VIII. Das kleine Rudel – zwei Hunde in einem Haushalt

Zwei Hunde in einem Haushalt stellen ganz besondere Anforderungen an Hunde und Halter. Es macht also einen deutlichen Unterschied, ob Sie nur mit einem Hund unterwegs sind oder ob Sie gleich zwei im Auge behalten müssen. Noch schwieriger wird es, wenn beide Hunde agil und voller Tatendrang sind (... also „Schnelldenker"). Die Kombination Border Collie – Dobermann wird Ihnen volle Aufmerksamkeit abringen, während z.B. das Duo Boxer - Mastino ein eher träges Paar ist, das sich deutlich leichter kontrollieren lässt. Zudem ist auch das „Kleinrudel" eine geschlossene Gesellschaft. Kommt es zu einer (... ernsthaften!) Rauferei, werden Sie sehr schnell erkennen, was unter dem Rudeltrieb zu verstehen ist. Sofern die Rudelstruktur intakt ist, machen Ihre beiden Hunde gemeinsame Sache und knöpfen sich den „Eindringling" kollektiv vor.

Was aber, wenn es innerhalb Ihres Rudels immer wieder zu Auseinandersetzungen kommt? Sollten Sie eine gewisse Aggressivität bei Ihren beiden Hunden untereinander über einen längeren Zeitraum bemerken, oder es bereits zu Bissverletzungen gekommen sein, müssen Sie folgende Regeln unbedingt beherzigen:

- Akzeptieren Sie grundsätzlich die bestehende Rudelordnung und zwar ausnahmslos ... auch Ihre

Hunde tun dies.

- <u>In Gegenwart</u> des dominanteren Hundes vermeiden Sie bitte Streicheleinheiten und Zuwendungen an Ihren zweiten Hund.

- Denken Sie nicht wie ein Mensch und bestrafen Sie folglich nicht den Angreifer (… auch wenn es Ihnen schwer fällt). Der Angreifer versucht nur die Rudelstruktur zu verteidigen. <u>Das bedeutet im Klartext:</u> Wenn Sie z.B. einen kleinen und einen großen Hund besitzen und der „Große" den „Kleinen" massiv unterordnet, bestrafen Sie ihn niemals dafür! Und vor allen Dingen kümmern Sie sich nicht um den „Kleinen". <u>Machen Sie sich eines immer wieder klar:</u> Wenn Sie einmal nicht zu Hause sind und es zu einer Rauferei innerhalb Ihres Rudels kommt, wollen Sie wohl kaum, dass der „Kleine" ernsthaft verletzt wird. Genau dieses Risiko wird jedoch erheblich gesteigert, wenn Sie aus Mitleid den unterlegenen Hund immer und immer wieder trösten und bemuttern. Er wird zum nächsten „Aufmucken" ermuntert. <u>Noch einmal zur Erinnerung:</u> Hunde sind keine Menschen und können folglich nur wie Hunde reagieren. Handlungen geprägt von menschlichem Mitleid oder Gerechtigkeit sind völlig ungeeignet und verschlimmern die Situation im Ganzen ... und das wollen Sie doch ganz bestimmt nicht!

- Sollte allerdings ernste Verletzungsgefahr bestehen, müssen Sie unverzüglich dazwischen gehen. Hier sind Sie als Rudelchef gefragt. Das wird Ihnen auch problemlos gelingen, allerdings nur dann, wenn Ihre Position als „Chef" gefestigt ist. Sie sehen, wie wichtig die Regeln zur Rangordnung auch hier werden können.

- Grundsatz und Fazit: Bleiben Sie immer der überlegene und durchsetzungsfähige „Rudelchef". Und bitte greifen Sie nicht ein, wenn z.B. der „ach so niedliche Kleine" dem „Großen" versucht den Kauknochen wegzunehmen und dafür Prügel bezieht. Fragen wie: „Es ist doch genug für alle da" oder „Man haut keine Kleinen" sind elementarer Bestandteil der menschlichen Gesellschaft. Diese Fragen sind in einem Hunderudel jedoch gänzlich ungeeignet und vor allen Dingen sehr gefährlich.

Einfacher ausgedrückt: Hunde sprechen Hundesprache und halten sich an Hundemoral! Bitte respektieren Sie das, insbesondere um Verletzungen nicht zu fördern. Denn genau das tun Sie, wenn Sie sich nicht daran halten.

IX. Sozialisation des Welpen – zum Schluss?

Die Sozialisation von Welpen hat nichts mit Gehorsam- oder Rangordnungsfragen zu tun, sondern beschreibt die Gewöhnung des Welpen an Umweltreize, um späteren ängstlichen oder aggressiven Reaktionen des Hundes vorzubeugen. Die Phase der höchsten Prägebereitschaft ist rasseabhängig, dauert aber in der Regel bis zur 16. Woche.

Die hier gemachten Erfahrungen lassen sich später keinesfalls nachholen. Nutzen Sie diese Zeit – sie kommt nie wieder!

Sie sollten Spaß daran haben, mit ihm gemeinsam die Umwelt zu erobern. Machen Sie Ihren kleinen Liebling in dieser Zeit mit folgenden Reizen vertraut:

Menschen

- Männer und Frauen
- Männer mit Vollbart
- Menschen mit langen Haaren, kurzen Haaren.
- Alte Menschen
- Menschen mit Brille
- Jemand, der einen Hut trägt
- Jemand, der einen Helm trägt (Motorrad und Fahrrad)
- Jemand, der an einem Stock geht oder eine Gehhilfe (z.B. Rollator) benutzt
- Jemand, der sich wie eine Betrunkener benimmt
- Jemand, der einen Schirm trägt (auch geöffnet)
- Rollstuhlfahrer
- Mädchen und Jungen
- Kinder unter drei Jahren (ganz wichtig, da sie einen oft noch wackeligen und springenden Gang besitzen, der den Hund verunsichern könnte, wenn sie auf ihn zugehen oder torkeln)
- Kinder jeder Altersgruppe bis ca. 15 Jahren

Andere Hunde

- Eine möglichst große Anzahl kleiner und großer Hunde
- Hunde unterschiedlicher Fellfarbe, Fellform und Felllänge
- Andere Welpen (besonders wichtig für die Entwicklung des Sozialverhaltens ihres Hundes), d.h. auch insbesondere Welpen anderer Rassen und von Mischlingen

Andere Tiere

- Pferde
- Igel
- Eichhörnchen
- Große Vögel (Raben, Tauben, Drosseln)
- Kühe
- Schafe
- Katzen
- Enten, Schwäne, Gänse, Hühner

Teilnahme am Verkehr

- Wenn sie ein Auto besitzen, sollte ihr Hund am besten täglich mit ihnen fahren
- Mehrfache Busfahrten
- Mehrere Fahrten in einer S- und / oder U-Bahn; inklusive der dazugehörigen Besuche der Bahnsteige und des gesamten Bahnhofs. Geben sie ihrem Hund die Zeit ein- und ausfahrende Züge zu beobachten und auch die Atmosphäre auf einem Bahnhof kennen zu lernen
- Wenn möglich, eine Schifffahrt

Sonstige Umgebung

- Inlineskater, Fahrradfahrer, Einkaufswagen, Kinderwagen
- Traktor, LKW, Müllauto beim Be- und Entladen der Mülltonnen, bei Gelegenheit Polizeiauto oder Feuerwehr im Einsatz
- Straßenbahn
- Briefträger

- Park mit Spaziergängern, spielenden und schreienden Kindern, Joggern u.s.w.
- Füßgängerzone mit Passanten, Geschäften u.s.w.
- Spaziergänge entlang einer belebten Straße
- Unbekannte Häuser / Treppenhäuser und Gärten (viele Freunde zu Hause besuchen)
- Geschäfte von innen (Bank, Postamt, Garten-Center, Boutique, große Kaufhäuser)
- Eingangsbereich eines Supermarktes (bitte nie allein lassen - insbesondere Welpen werden häufig gestohlen)
- Treppen (insbesondere auch solche mit offenen Stufen zum Durchschauen)
- Aufzüge

Zu Hause

- Laufende Waschmaschine, Trockner
- Staubsauger
- Diverse andere Küchenmaschinen die Geräusche verursachen oder optische Reize bieten
- Telefon, Türklingel

- Ein Streitgespräch (wenn nötig, täuschen sie eines vor)
- Menschen, die sich umarmen
- Viel, viel Besuch, der kommt und geht

Exkurs Welpenschutz:

Viele Menschen sind der festen Überzeugung, dass Welpen sog. Welpenschutz genießen und sind verärgert, wenn der eigene Welpe von einem fremden Hund grob behandelt oder zurecht gewiesen wird.

Welpenschutz existiert nur innerhalb des eigenen Rudels. Das bedeutet ganz konkret, wenn Sie andere Hunde treffen: Ihr Welpe genießt keinen Schutz und andere Hunde, die Ihren Welpen korrigieren, sind in aller Regel auch nicht verhaltensgestört!

Serviceteil – Hausapotheke

Die Notfallausrüstung gehört in eine separate Box, in der nichts anderes aufbewahrt wird, die einen festen Platz hat, leicht zugänglich ist und gut transportiert werden kann.

Folgende Utensilien sind empfehlenswert:

- Warme Decke, ggf. isoliert und wasser- undurchlässig

- Fieberthermometer (bruchsicher, elektrisch) (normale Körpertemperatur des Hundes = 37,5°C – 39°C)
  Hier gilt: bei Untertemperatur bitte grundsätzlich den Tierarzt aufsuchen! Vergiftungen werden häufig durch eine zu geringe Körpertemperatur indiziert.

- Taschenlampe, sehr ausdauernd als LED Variante

- Vaseline zum Einfetten des Thermometers (gemessen wird im Analbereich)

- Wundabdeckung, Mullkompressen, für kleine Tiere können Q-Tipps sinnvoll sein

- Verbandwatte, Tampons, Leukoplast

- Desinfizierende Wundsalbe, Jodtinktur (z. B. Betai-sodona)

- Spüllösung für die Augen, milde Augensalbe (z. B. Bepanthen Augensalbe)

- Blutstillende Lösung für kleine Wunden (z. B. Ei-sen-III-Chlorid)

- Antiseptische Seife

- Für Allergiker Kortisontabletten nach Anweisung Ihres Tierarztes

- Für Epileptiker Diazepamzäpfchen nach Anweisung Ihres Tierarztes

- Evtl. Stethoskop (vorher durch Tierarzt ggf. einweisen lassen)

- Pinzette, Verbandschere, Kanülen (Entfernung kleiner Fremdkörper)

- Plastikspritzen (steril verpackt) zum Eingeben und Absaugen (5-20 ml)

- Einmalhandschuhe

Giftige Lebensmittel

Hunde sind keine Menschen. Da ist sie wieder diese simple Erkenntnis, deren Ignoranz bei einigen Lebensmitteln mitunter tödlich enden kann.

Die wichtigsten für Hunde giftigen Stoffe nun im Überblick:

- **Schokolade**

  Schokolade enthält Theobromin. Je dunkler die Schokolade, desto giftiger für Hunde. Betroffen sind alle Nahrungsmittel, die Kakobestandteile enthalten. Die tödliche Dosis liegt bei ca. 100 mg Theobromin pro kg Körpergewicht. Konkret: Mitunter ist bereits eine Tafel Zartbitter- oder Blockschokolade tödlich.

  Symptome die nach dem Verzehr auftreten: Durchfall, Erbrechen, später kommen zentralnervöse Störungen wie Zittern, Krämpfe, Lähmungen der Hintergliedmaßen und Bewusstseinsstörungen hinzu.

- **Zwiebeln**

  Zwiebeln bewirken in jeder Form (roh, getrocknet, gekocht) schwere Vergiftungen. Bereits 5 – 10g pro Kg Körpergewicht führen zu einer sog. Hämolyse

(=Zerstörung der roten Blutkörperchen). Folgende Symtome treten auf: Durchfall und Erbrechen, später folgen Anämie (Blutarmut, blasse Schleimhäute), Anorexie (Verweigerung von Wasser und Futter) und Beschleunigung von Herzschlag und Atemfrequenz.

- **Knoblauch**
Giftig bis stark giftig für Hunde. Symptome bei Überdosierung: bleiches Aussehen, Blutharne, Erbrechen, Durchfall, Gelbsucht.

- **Weintrauben und Rosinen**
Weintrauben und Rosinen sind für Hunde stark giftig und können in größeren Mengen Nierenversagen bewirken. Welche Mengen zu Vergiftungserscheinungen führen, hängt hier sehr stark von Alter, Rasse und Körpergewicht ab. Als groben Bezugspunkt kann man davon ausgehen, dass ca. 230g Weintrauben bei einem Hund von 20Kg Vergiftungen hervorrufen können.

- **Avocado**
Der Verzehr führt zu schweren Schädigungen des Herzmuskels und damit zu Atemnot, Husten, Öde-

men und Bauchwassersucht. Eine Vergiftung endet in aller Regel tödlich, da eine spezifische Therapie nicht existiert.

- **Nikotin**

  Welpenbesitzer aufgepasst: Welpen sind sehr neugierig und das Knabbern an Zigaretten, Zigarren oder Kautabak führt zur Aufnahme des Giftes. Symptome nach Aufnahme: Erregung, später Lähmung des Gehirns, Muskelzittern, Speicheln, Erbrechen, erhöhte Herz- und Atemfrequenz, Krämpfe, Bewegungsstörungen und Kreislaufkollaps.

- **Xylit (Süßstoff)**

  Enthalten in vielen zuckerfreien Genuss- und Lebensmitteln. Xylit kann bei Hunden zu einem lebensbedrohlichen Abfall des Blutzuckerspiegels führen. Die Wirkung tritt ca. 30 Minuten nach der Aufnahme von größeren Mengen des Süßstoffes ein. Erste Symptome sind: Schwäche, Verlust der Koordinationsfähigkeit und Krämpfe.

Bedenkliche Lebensmittel:

- **Rohe Eier**

  Das im Eiklar enthaltene Avidin zerstört das B-Vitamin Biotin. Füttern Sie nur hart gekochte Eier.

- **Rohes Schweinefleisch**

  Rohes Schweinefleisch kann den Erreger der Aujeszkyschen Krankheit enthalten. Für den Menschen ist die Krankheit ungefährlich, für Ihren Hund verläuft sie tödlich.

- **Milch**

  Die meisten Hunde besitzen eine Lactose Unverträglichkeit. Milch ist daher für das Verdauungssystem des Hundes ungeeignet.

Geduld ist notwendige Voraussetzung jeglicher
Hundeerziehung. Lassen Sie niemals
Wut und Ärger an Ihrem Hund aus.

Denn Vertrauen ist die Basis
aller Beziehungen.

… geschafft.

Die „Basics" der Hundeerziehung sind doch gar nicht so schwer, oder?

Wenn Sie das Buch aufmerksam gelesen haben und nicht bereits ein Experte auf dem Gebiet der Hundeerziehung sind (… denn an diejenigen richtet sich dieses Buch nicht, sondern an den ganz normalen Hundehalter, der alltägliche Probleme zu meistern hat) haben Sie eine ganze Fülle an wertvollen Informationen erhalten.

Mit dem Erwerb dieses Buches haben Sie den Ausbau, die Weiterentwicklung und die Pflege eines der größten, kostenlosen Informationsangebote rund um Hunde in Deutschland – www.polar-chat.de – unterstützt.

Klicken Sie sich mal rein. Sie finden dort eine Plattform zum Erfahrungsaustausch mit über 500.000 Beiträgen rund um Hunde, ein Hundelexikon, die Möglichkeit Tierärzte zu suchen und vieles mehr.